BEI GRIN MACHT SICH IHR WISSEN BEZAHLT

AF141630

- Wir veröffentlichen Ihre Hausarbeit, Bachelor- und Masterarbeit

- Ihr eigenes eBook und Buch - weltweit in allen wichtigen Shops

- Verdienen Sie an jedem Verkauf

Jetzt bei www.GRIN.com hochladen und kostenlos publizieren

Thomas Dörr

Unterrichtsreihe aus der Analysis für die gymnasiale Oberstufe mit der Unterrichtsmethode Geschichte der Mathematik

GRIN Verlag

Bibliografische Information der Deutschen Nationalbibliothek:

Die Deutsche Bibliothek verzeichnet diese Publikation in der Deutschen National-
bibliografie; detaillierte bibliografische Daten sind im Internet über http://dnb.d-
nb.de/ abrufbar.

Impressum:

Copyright © 2007 GRIN Verlag GmbH
Druck und Bindung: Books on Demand GmbH, Norderstedt Germany
ISBN: 978-3-656-59416-1

Dieses Buch bei GRIN:

http://www.grin.com/de/e-book/268430/unterrichtsreihe-aus-der-analysis-fuer-die-
gymnasiale-oberstufe-mit-der

GRIN - Your knowledge has value

Der GRIN Verlag publiziert seit 1998 wissenschaftliche Arbeiten von Studenten, Hochschullehrern und anderen Akademikern als eBook und gedrucktes Buch. Die Verlagswebsite www.grin.com ist die ideale Plattform zur Veröffentlichung von Hausarbeiten, Abschlussarbeiten, wissenschaftlichen Aufsätzen, Dissertationen und Fachbüchern.

Besuchen Sie uns im Internet:

http://www.grin.com/

http://www.facebook.com/grincom

http://www.twitter.com/grin_com

Thomas Dörr

Thema

Eine Unterrichtsreihe aus der Analysis für die gymnasiale Oberstufe

mit der Unterrichtsmethode Geschichte der Mathematik im

Mathematikunterricht

Angefertigt für das Fachdidaktik-Seminar

„Grundfragen des Mathematikunterrichtes (Analysis)"

am Institut für Mathematik der Johannes Gutenberg-Universität Mainz

im Sommersemester 2007

Inhaltsverzeichnis

1 Einleitung

Die vorliegende Hausarbeit zum Thema „Geschichte der Mathematik im Mathematikunterricht" im Fachdidaktikseminar „Grundfragen des Mathematikunterrichts" beschäftigt sich mit der Einbeziehung der Mathematikgeschichte in den Schulunterricht.

Erfahren die Schülerinnen und Schüler im heutigen Mathematikunterricht die historische Entwicklung der Mathematik? In der Regel tatsächlich wohl eher nicht. Die Geschichte der Mathematik in den Unterricht mit einzubeziehen, ist sicherlich nicht sehr weit verbreitet. Wer hat denn schon in der Schule im Mathematikunterricht geschichtliche Texte bearbeitet oder sich mit antiken Fragestellungen beschäftigt? Diese Arbeit leistet einen Beitrag dazu, den Bezug zur historischen Entwicklung der Mathematik auch im Schulunterricht mit einzubinden und ermutigt dazu, diesen Bereich der Mathematik nicht ausser Acht zu lassen.

Zunächst wird ein kurzer Blick auf die geschichtliche Entwicklung der Didaktik der Mathematik gerichtet, der sich mit dem Einbezug von Mathematikgeschichte in den Unterricht bereits um die Jahrhundertwende des 20. Jahrhunderts befasst. Anschließend rückt der aktuelle Lehrplan der beiden Sekundarstufen in den Vordergrund. Hier wird herausgestellt, inwiefern die historische Entwicklung der Mathematik als Methode im Lehrplan verankert ist. Danach werden Argumente für die Anwendung dieser Methode geliefert und betrachtet. Mit der anschließenden Unterrichtsreihe wird dann der praktische Teil dieser Arbeit beleuchtet. Das voran gegangene theoretisch Erläuterte wird dann in die Praxis umgesetzt. Dies geschieht anhand der Einführung der Integralrechnung in einem Leistungskurs Mathematik unter Betrachtung der Methode des Archimedes.

Den Abschluss bildet das Fazit, in welchem nicht nur diese Hausarbeit rückwirkend betrachtet wird, sondern auch, wie die Chance dieser Unterrichtsmethode zukünftig aussieht, vermehrt im Unterricht Anwendung zu finden.

2 Einbezug von Geschichte der Mathematik in den Unterricht

In diesem Kapitel werden zunächst die ersten Überlegungen von Felix Klein und Otto Toeplitz, die Geschichte der Mathematik in den Unterricht mit einzubeziehen, dargestellt. Im anschließenden Abschnitt werden die verschiedenen theoretischen Aspekte, welche diese Methode betreffen, angesprochen.

2.1 Historische Überlegungen

Didaktische Überlegungen, die Geschichte der Mathematik mit in den Schulunterricht einzubeziehen, sind keine neue Erfindung. Bereits im ausgehenden 19. Jahrhundert und beginnenden 20. Jahrhundert beschäftigten sich Felix Klein und Otto Toeplitz mit dieser Thematik. Bei der Beschäftigung mit der Mathematikgeschichte beruft sich zunächst Klein, etwas später dann auch Toeplitz, auf das biogenetische Grundgesetz des Biologen Ernst Haeckel. Dieses besagt, dass jeder einzelne Mensch während seiner Ontogenese all diejenigen Stufen durchlaufen muss, welche die gesamte Menschheit im Laufe der Geschichte zurückgelegt hat.[1] Hierzu ein Zitat von Felix Klein: „Dieses Grundgesetz, denke ich sollte auch der mathematische Unterricht, wie jeder Unterricht überhaupt, wenigstens im allgemeinen befolgen: er sollte, an die natürliche Veranlagung der Jugend anknüpfend, sie langsam auf demselben Wege zu höheren Dingen und schließlich auch zu abstrakten Formulierungen führen, auf dem sich die ganze Menschheit aus ihrem naiven Urzustand zur höheren Erkenntnis emporgerungen hat."[2]

Das Interesse von Otto Toeplitz lag nicht nur auf der mathematischen Forschung, er war außerdem ein Verfechter des historisch-biogenetischen

---

[1] vgl. www.math.uni-siegen.de/geschmath/Vohns.pdf (S.6).
[2] www.math.uni-siegen.de/geschmath/Vohns.pdf (S.6).

Prinzips. In seinen Vorlesungen an der Universität machte er sich für die Umsetzung dieses Prinzips stark. Toeplitz schreibt in seinem Buch zur „Einführung in die Infinitesimalrechnung": „All diese Gegenstände der Infinitesimalrechnung, die heute als kanonische Requisite gelehrt werden; [...] und bei denen nirgends die Frage gestellt wird: Warum so? Wie kommt man zu ihnen?"[3] Mit diesen Worten möchte er zum Ausdruck bringen, dass die Mathematik nicht „vom Himmel gefallen" ist, sondern dass es wichtig ist, sie als ein Prozess zu verstehen, der sich über die Jahrhunderte hinweg entwickelt hat.

Nachdem der Philosoph Arthur Schopenhauer dieses genetische Prinzip kritisierte, man gelange nicht durch historische Texte zu höherem mathematischen Wissen, modifizierte Toeplitz das genetische Prinzip. Martin Wagenschein griff daraufhin dessen Gedanken auf und stellte klar, dass es sich bei dem historisch-genetischen Prinzip nicht um die Mathematikgeschichte an sich handeln sollte, sondern um den Einblick in die Entstehung diverser mathematischer Fragen, Theorien und Begriffe.

2.2 Theoretische Aspekte

Mit dem wissenschaftstheoretischen Aspekt soll ein angemessenes Bild von Mathematik vermittelt werden. Es soll dem rein formalistischen Bild der Mathematik gegenüber gestellt werden. Im Unterricht ist darauf zu achten, dass Mathematik als historisch entwickeltes Phänomen dargestellt wird. Dabei ist wichtig zu erwähnen, dass Mathematik „wandelbar" ist. So sind zum Beispiel Beweise nicht in allen Zeiten gültig, sie unterliegen der Akzeptanz der jeweiligen Gruppe, haben also einen sozialen Charakter; Mathematik kann als interpersonaler Vorgang wahrgenommen werden. Der Lehrer sollte immer beachten, dass derjenige, der kein angemessenes Bild von der Mathematik besitzt, es auch schwer haben dürfte, ein solches zu vermitteln.

---

[3] www.math.uni-siegen.de/geschmath/Vohns.pdf (S.6).

Der bildungstheoretische Aspekt ist den Schülern zugewandt und dient dazu, mit der Mathematikgeschichte ein angemessenes Bild von Mathematik sicherzustellen. Des weiteren ist die historische Entwicklung der Mathematik ein Teil der Bildung; hier kann man von materialer Geschichtsorientierung sprechen. In anderen Schulfächern wie beispielsweise im Kunst- oder Deutschunterricht ist die Geschichte des jeweiligen Faches ein fester Bestandteil des Unterrichts. Bei einer materialen Ausrichtung besteht allerdings die Gefahr, einem schlechten Geschichtsunterricht nachzukommen, indem ein reines „Namen-Daten-Sätze"-Lernen und Wissen praktiziert wird. Außerdem kann Mathematikgeschichte auch die formalbildende Funktion übernehmen, indem sie einen Einblick in die historische Entwicklung der Mathematik geben kann.

Der lerntheoretische/unterrichtsmethodische Ansatz geht direkt auf den Mathematikunterricht ein. Hier sind folgende Punkte zu nennen, die eine positive Wirkung auf den Unterricht haben können. Auch historische Quellen können mit einbezogen werden, da sie interessante Problemstellungen in den Mathematikunterricht einfließen lassen können. Des Weiteren bringt diese Methode einen tieferen Einblick in behandelte Themen, im Gegensatz zu den üblichen Standardmethoden. Hinzu kommt noch, dass eine Motivationsförderung hervorgerufen werden kann, wenn historische Bezüge aufgezeigt werden. Außerdem wird ein Zusammenhang von individueller und historischer Entwicklung vermutet, den der Lehrer sich didaktisch zu Nutze machen sollte. Hier spricht man von dem im vorherigen Abschnitt betrachteten genetischen Prinzip.

3 Der Lehrplan

Inwieweit ist die Unterrichtsmethode in den Lehrplänen in den Sekundarstufen eins und zwei verankert? Das folgende Kapitel beschäftigt sich mit dieser Frage und legt die aktuelle Situation in den Lehrplänen dar.

Im Lehrplan für die Sekundarstufe I zum Thema geschichtliche Aspekte im Mathematikunterricht heißt es: „Mathematik [...] darf den Aspekt, Mathematik als etwas historisch Gewachsenes zu verstehen nicht außer acht lassen. Deshalb sollten historische Aspekte da, wo sie sich anbieten, den Unterricht didaktisch und methodisch bereichern."[4] Dies könne beispielsweise dadurch geschehen, dass Namen und Inhalte miteinander verbunden werden, wofür der Satz des Pythagoras ein klassisches Beispiel liefert. Außerdem kann den Schülern durch die zeitliche Einordnung verschiedene Entwicklungsphasen ausgewählter Inhalte besser dargelegt und aufgezeigt werden, wie sich Begriffe und Auffassungen im Laufe der Zeit verändert haben. Des Weiteren wird in den Richtlinien erwähnt, dass durch ein Anteil der Geschichte im Mathematikunterricht ein motivierender Beitrag geleistet werden kann. Zusätzlich kann die Entstehung der Mathematik dargestellt und zum bessern Verständnis eingesetzt werden. Hinzu kommt noch, dass der Lehrer durch den Einsatz dieser Unterrichtsform sein didaktisch-methodisches Repertoire vergrößern kann.

Der Lehrplan für die gymnasiale Oberstufe sieht ebenfalls einen Einsatz von historischen Aspekten im Mathematikunterricht vor. Hier heisst es, dass durch die „Beschäftigung mit der historischen Entwicklung der Mathematik" die „geistesgeschichtliche Bedeutung als Kulturgut deutlich" wird und die „wechselseitige Befruchtung von reiner Wissenschaft und Anwendungen erfahren"[5] werden kann. Außerdem sind historische Rückblicke zu empfehlen, wenn es um die Darstellung von Zusammenhängen von mathematischen Leitgedanken und Leitlinien geht.[6]

Es bleibt festzuhalten, dass die Lehrpläne den Einsatz der historischen Entwicklungsgeschichte der Mathematik für den Unterricht vorsehen, um die Mathematik nicht als fertiges Produkt den Schülern darzustellen. Dadurch kann die Mathematik als dynamischer Prozess verstanden werden und somit den Lernenden einen tieferen Einblick in die verschiedenen Anwendungsbereiche des Faches bieten.

---

[4] www.math.uni-siegen.de/geschmath/Vohns.pdf (S.2).
[5] Lehrplan Mathematik Grund- und Leistungsfach Jahrgangsstufe 11 bis 13 (S.7).
[6] vgl. Lehrplan Mathematik Grund- und Leistungsfach Jahrgangsstufe 11 bis 13 (S.7f).

4 Warum Mathematikgeschichte im Unterricht?

Findet sich die geschichtliche Entwicklung der Mathematik gegenwärtig im Schulunterricht wieder? In der Regel ist dies eher nicht der Fall. Es gibt allerdings einige Ansätze und Formen, wie man mit Hilfe der Mathematikgeschichte einen tieferen Einblick in den zu behandelnden Stoff gibt.

Oft ist es im Mathematikunterricht so, dass verschiedene Rechenschemata und Rechenwege gelehrt werden, ohne einen Bezug zur Realität herzustellen. Dabei ist es jedoch von großer Bedeutung, zu erwähnen, dass die Mathematik aus praktischen Problemen und Fragen, die sich Menschen gestellt haben, heraus entstanden ist. Die Geschichte der Mathematik bietet eine gute Möglichkeit, den Schülern die Bedeutung von mathematischen Ideen, Begriffen und Inhalten zu vermitteln. „Besonders aus historischer Sicht werden mathematische Strukturen, Ansätze zur Lösung mathematischer Probleme, sowie die fundamentalen Ideen und Strategien im Erkenntnisprozess sichtbar."[7]

Darüber hinaus kann durch die Verknüpfung von historischem Material und berühmten Persönlichkeiten eine Identifikation mit der Problemstellung erfolgen und die Motivation der Schüler signifikant erhöht werden. Ein Paradebeispiel dafür ist der Satz des Pythagoras, der sich mit Sicherheit bei vielen Menschen aus dem Schulunterricht eingeprägt hat.

Des Weiteren können historische Lösungsmethoden mit den heutigen in Bezug gesetzt und verglichen werden. Hierbei lässt sich herausstellen, in wieweit sich diese unterscheiden oder aber, in welchen Punkten sie übereinstimmen. So kann zu einer deutlicheren Sicht auf die Zusammenhänge und Strukturen gelangt werden. Über das Verstehen der Lösungsansätze von Problemen kann eine positive Sicht auf die Mathematik als Ganzes erzeugt werden. Durch die Darlegung, dass damalige Überlegungen bezüglich eines Problems anders waren als die heutigen, provoziert man damit ein Nachdenken über die eigenen Ideen. Der Schüler wird somit zur Reflektion angeregt.

---

[7] http://www.herder-oberschule.de/madincea/skripten/historie-2.pdf (S.2).

5 Unterrichtsreihe: Einführung in die Integralrechnung

Im nun folgenden Abschnitt wird eine fünfstündige Unterrichtsreihe zu der Methode „Geschichte der Mathematik im Mathematikunterricht" vorgestellt. Das Thema der Unterrichtsreihe wird die „Einführung in die Integralrechnung" zum Gegenstand haben. Dabei wird auf historische Aspekte zurückgegriffen und mit den Schülern besprochen. Die Gedanken und Aufzeichnungen, welche im Unterricht mit den Schülern behandelt werden, sind auf Archimedes von Syrakus zurückzuführen. Diese Unterrichtseinheiten sind für einen Leistungskurs Mathematik konzipiert, da der zu bearbeitende historische Text schwer verständlich ist und somit für den Grundkurs oder gar für die Sekundarstufe I eher ungeeignet erscheint.

Dieses Kapitel ist in fünf Unterpunkte aufgeteilt, in denen jeweils die einzelnen Unterrichtsstunden aufgezeigt werden. Dabei werden der Stundenaufbau und die Stundeninhalte dargestellt und diskutiert.

Ein Hilfsmittel, welches für den geschichtlichen Mathematikunterricht in dieser Unterrichtsreihe verwendet wird, ist das Betrachten eines historischen Textes. Bei der Bearbeitung eines solchen Quelltextes soll es sich nicht um eine bloße Zur-Kenntnis-Nahme handeln, sondern der Text soll vielmehr zum Nachdenken anregen. Setzt man sich mit einem solchen Quelltext auseinander, muss man zum besseren Verständnis nach der Biographie des Autors fragen, nach seiner ursprünglichen Problemstellung und nach den Absichten, die er verfolgte bzw. verfolgen wollte. Ebenso sind die zeit- und wissenschaftsgeschichtlichen Voraussetzungen des Textes von Bedeutung. In einem abschließenden Schritt müssen die Ideen, Begriffe und Rechentechniken des geschichtlichen Textes mit dem heutigen Verständnis verglichen werden.

Daran sieht man, dass Geschichte der Mathematik zwei Grundprinzipien der Unterrichtsgestaltung erfüllt. Einerseits ist damit das entdeckende Lernen, andererseits die Selbsttätigkeit und Selbständigkeit der Schüler gemeint. Hinter dem Begriff des entdeckenden Lernens steht, das Schüler Dinge ausprobieren, argumentieren, vermuten und entdecken können und nicht einem vorgefertigten

Weg folgen. Sie lernen also selbst Fragen und Lösungsstrategien zu entwickeln und zu formulieren. Es müssen nur immer wieder Anlässe gesetzt werden, um sich mit der „Sache" auseinanderzusetzen. Hierzu ist es allerdings notwendig, eine konkrete Problemstellung in den Vordergrund zu stellen, welche die Schüler motiviert, dass diese sich mit dem Gegenstand auseinandersetzen und nach Antworten und Lösungen suchen. Mit der Selbständigkeit und Selbsttätigkeit ist die aktive Auseinandersetzung mit einer Problemsituation gemeint. Durch diese wird der Verstehensprozess vereinfacht und gleichzeitig werden tiefere Einsichten daraus gewonnen.[8]

Hieran schließt sich die Frage, wo der Einsatz eines solchen Textes sinnvoll ist. In der Sekundarstufe I ist dies sicherlich nicht der Fall, da den Schülern der Umgang mit der Andersartigkeit dieser Texte nicht vertraut ist und sie überfordern und damit demotivieren dürfte. Daher kommt die Verwendung historischer Texte eher in der gymnasialen Oberstufe in Frage, wobei hier auch zwischen Grund- und Leistungskurs differenziert werden sollte. Da der Stundenumfang im Leistungskurs etwas höher liegt als die des Grundkurses, bietet sich an, die Methode der Geschichte der Mathematik zum Gegenstand eines Leistungskurses zu machen.

5.1 Stunde I

In der ersten Unterrichtsstunde zum Thema Integralrechnung werden zunächst verschiedene, den Schülern bereits bekannte Flächeninhalte, wie zum Beispiel das Dreieck, Rechteck und Trapez, in den ersten Minuten des Unterrichts wieder ins Gedächtnis zurückgerufen. Diese benötigt man für den folgenden Verlauf des Unterrichts, um den Übergang zur Methode des Archimedes reibungsloser gestalten zu können.

---

[8] Lehrplan Mathematik Grund- und Leistungsfach Jahrgangsstufe 11 bis 13 (S.11).

Daraufhin weist der Lehrer die Schüler auf ein sich auftuendes Problem hin: Es handelt sich dabei um die Berechnung des Flächeninhalts unter einem Funktionsgraphen, wie beispielsweise der Normalparabel. Er stellt die Frage in den Raum: Wie könnte man die Fläche unter einer nicht linearen Funktion bestimmen? Für die Schüler gibt es bislang kein geeignetes Mittel, um die Fläche unter dem Graphen genau zu berechnen. Durch die Konfrontation mit etwas völlig Neuem und Unbekanntem soll ein „Brainstorming" mit der gesamten Klasse durchgeführt werden. Hierbei werden Schülervorschläge zusammengetragen und an der Tafel aufgeschrieben und diskutiert. Ein Vorteil liegt darin, dass sich auch mathematisch weniger begabte Schüler an der Diskussion beteiligen; schon allein, weil ein bislang unbekanntes Problem vorliegt und alle Ideen möglicherweise zur Lösung beitragen können.

Kommen die Schüler ohne Hilfe des Lehrers auf den Gedanken, dass man den Bereich unterhalb des Funktionsgraphen durch die zu Beginn der Stunde wiederholten Flächeninhalte approximieren kann, wäre das Stundenziel erfüllt. Gelingt es den Schülern nicht, eigenständig auf die Lösung zu stoßen, sollte der Lehrer gegen Ende der Stunde die Auflösung bekannt geben. Jedoch begleitet der Lehrer lediglich den Unterricht und vermeidet es, den Schülern Tips zu geben, die unmittelbar zur Lösung führen.

Zur nächsten Stunde gibt der Lehrer als Hausaufgabe, die aus der Stunde herausgearbeitete, vorerst beste Lösung zur Berechnung der Fläche unter einer Funktion möglichst gut anzunähern. Dazu können die Schüler alle ihnen bekannten Flächeninhalte zur Berechnung verwenden, bekommen allerdings die Vorgabe, mindestens fünf Flächeninhalte zu gebrauchen. Durch diese Festlegung wird den Schülern eine Richtlinie zur Hand gegeben, an der sie sich orientieren können.

5.2 Stunde II

Die zweite Stunde beginnt mit einer kurzen Besprechung der Hausaufgaben. Hier werden die Ergebnisse analysiert und in Folge dessen die genaueste Approximation des Flächeninhalts an der Tafel oder auf einer Folie auf dem Overheadprojektor der restlichen Klasse präsentiert. Dies sollte allerdings nicht allzu viel Zeit in Anspruch nehmen, da es mit dem weiteren Stundenverlauf wenig Übereinstimmung findet.

Für den Hauptteil der zweiten Unterrichtsstunde ist vorgesehen, dass sich die Klasse mit einem historischen Quelltext beschäftigt. In der Auseinandersetzung mit einer solchen Schrift werden die Lernenden in eine für sie zunächst unbekannte Umgebung hineingezogen, die sie sich selbst nach und nach erschließen müssen. Diese Art des Unterrichts wird als entdeckendes Lernen bezeichnet, denn die Schüler müssen sich mit einer ihnen unbekannten Textstelle auseinandersetzen und die prägnanten Informationen herausarbeiten. Dieser Auszug stammt aus einer überlieferten Handschrift des Archimedes von Syrakus; diese Information über den Autor wird den Schülern zunächst vorenthalten, damit sie diesen nicht zeitlich einordnen können. In dem Text geht es um Archimedes` Erkenntnisse, die den Grundstein für die heutige Integralrechnung gelegt haben. Er benutzte damals die von den Schülern in der ersten Unterrichtsstunde und bei den Hausaufgaben verwendete Methode der Approximation einer Teilfläche. Die Schüler erhalten die Aufgabe, den historischen Text durchzulesen. Dabei sollen sie herausstellen, um welchen Inhalt es in dem Auszug geht und welche Idee dahinter steht. Im Anschluss daran soll der von jedem Lernenden bearbeitete Quelltext kurz zusammengefasst werden. Ist dieser Arbeitsauftrag erledigt, wird das Schriftstück mit der gesamten Klasse besprochen. Jeder Schüler soll seine Eindrücke, die er aus der Textstelle mitgenommen hat, zum Ausdruck bringen können. Die in der Quelle enthaltenen Probleme und Fragen werden dann im Unterrichtsgespräch genannt und in übersichtlicher Form an der Tafel zusammengeschrieben.

Nach der Bekanntgabe des Autors am Ende der Stunde bekommen die Schüler als Hausaufgabe, Näheres über den Verfasser in Erfahrung zu bringen. Allerdings ist es dabei nicht zulässig, ausschließlich im Internet Nachforschungen anzustellen, sondern es müssen mindestens zwei Bücher als Quellen angegeben werden können. Dies soll verhindern, dass die Schüler sich ausschließlich bei einer Online-Bibliothek bedienen. Es soll vielmehr das Auseinandersetzen mit unterschiedlichen Quellen geübt werden. Bei der selbständigen Recherche sollen die Biographie des Autors, die Epoche, in der er gelebt hat, das Herkunftsland usw. zusammengeschrieben und als kurzes Exposè in der nächsten Stunde vorgestellt werden können. So kann der Schüler etwas über die damalige Denkweise erfahren und sich in die antiken Verhältnisse besser eindenken.

5.3 Stunde III

Zu Beginn der dritten Unterrichtseinheit werden wiederum die Hausaufgaben aus der vorherigen Schulstunde besprochen. Dabei werden ein bis zwei Zusammenfassungen von den Schülern vor der Klasse dargestellt und besprochen. Des Weiteren werden die vorgestellten Ausführungen ergänzt und festgehalten. Die nachrecherchierten Informationen über Archimedes und dessen Herkunft werden vom Lehrer eingesammelt und in einer der nächsten Stunden als Informationsblatt ausgeteilt.

Im darauffolgenden Unterrichtsgespräch wird die Lösungsmethode des Archimedes besprochen. Bei der Diskussion soll die Exaktheit dieser Methode angezweifelt und beleuchtet werden. Kommen die Schüler selbst nicht auf den Gedanken, kann der Lehrer ihnen Hilfestellungen geben. Weiter kann ebenfalls noch herausgestellt werden, dass der Aufwand dieser Arbeitsweise ein verhältnismäßig großer sein kann, je genauer ein Flächenstück berechnet bzw. approximiert werden soll. Über die kritische Auseinandersetzung mit der über zweitausend Jahre alten Vorgehensweise werden die Schüler zu einer differenzierenden und reflektierenden Denkart angeregt. Mit diesem Hintergrund wird bei den Schülern ein Interesse für die kommenden Stunden geweckt, da sie wissen möchten, welche Verfahrensweisen es gibt, um die Fläche unter einem Funktionsgraphen genauer und geschickter berechnen zu können.

5.4 Stunde IV

In der vierten Unterrichtseinheit wird zunächst die Wiederholung der letzten Stunden in den Vordergrund gesetzt. Dabei soll das Erarbeitete noch einmal kurz besprochen werden und die in der dritten Stunde erörterten Probleme abermals deutlich hervorgehoben werden. Durch die Anregung aus der letzten Stunde wurde ein Grundstein für die Motivation in dieser vierten Unterrichtsstunde gelegt. Es bleibt für die Schüler spannend, zu erfahren, wie und auf welche Art und Weise ein solches kurviges Flächenstück berechnen lässt.

Dazu wird nochmals die Methode des Archimedes aufgegriffen. Die Lernenden sollten aus der letzten Stunde die relativ einfache und anschauliche antike Methode kritisch betrachten können. Ist es möglich, den Funktionsgraphen exakt zu berechnen? Genau diese Frage sollte im Hauptteil dieser Unterrichtsstunde stehen.

Begonnen wird der Hauptteil mit den beiden Wegbereitern für die heutige Integralrechnung im 17. Jahrhundert, Isaac Newton und Gottfried Wilhelm Leibniz, die unabhängig voneinander den Zusammenhang zwischen Differenzial- und Integralrechnung erkannten. Mit diesem geschichtlichen Hintergrund kann als Exkurs noch eine kurze Wiederholung der Differenzialrechnung erfolgen. Dazu werden dann für die in der heutigen Integralrechnung benötigten Ober- und Unterintegrale eingeführt. Zur Vervollständigung und Abrundung des Ganzen wird das heutzutage verwendete Riemann-Integral eingeführt, welches sich aus den Ober- und Untersummen berechnen lässt. Zurückzuführen ist diese Art der

Berechnung des Integrals auf den deutschen Mathematiker Bernhard Riemann, der mithilfe der Treppenfunktionen den genauen Flächeninhalt bestimmen konnte. Wichtig hierbei ist herauszustellen, dass sich auch Riemann der approximatorischen Vorgehensweise bediente, ähnlich wie Archimedes das vor mehr als zweitausend Jahren tat. Allerdings gilt es hierbei, auch den wesentlichen Unterschied der Methoden deutlich zu machen. Der Lehrer kann zum Ende der Stunde den Schülern ein Resultat präsentieren und ihnen vor Augen führen, dass die Mathematik sich über die Jahrhunderte hinweg immer weiterentwickelt hat.

5.5 Stunde V

Die letzte Stunde dieser Unterrichtsreihe beginnt mit dem Resümee der vorangegangenen Schulstunde. Dabei wird das in der letzten Stunde kurz skizzierte Riemann-Integral besprochen und in den anschließenden Hauptteil dieser Unterrichtseinheit gerückt. Die Motivation dieser Stunde liegt darin, dass die Lernenden nun erfahren, wie die heutige Integralrechnung funktioniert.

Um einen Vergleich darzustellen, wird die Schülerschaft dazu animiert, nochmals die Vor- und Nachteile der antiken Methode herauszuarbeiten. Es sollte nun klar ersichtlich sein, warum man eine andere Vorgehensweise benötigt, um ein genaueres Ergebnis zu berechnen. Die Ansätze aus der letzten Unterrichtsstunde werden nun mit der Klasse näher besprochen und genauer erläutert. Dazu werden verschiedene Tafelbilder und anschauliche Skizzen verwendet, um die Begrifflichkeiten der Ober- und Untersumme besser verdeutlichen zu können. Es kommt in dieser Stunde besonders darauf an, dass der Unterschied zwischen der heutigen und der antiken Methode verstanden worden ist und vor allem, warum die beiden Herangehensweisen eine unterschiedliche Genauigkeit aufweisen.

6 Fazit

Zusammenfassend kann festgehalten werden, dass historische Aspekte in den Unterricht mit einzubeziehen, ein vertiefendes Verständnis von Mathematik bei den Schülern hervorruft. Ein Einblick in die Entstehung der Mathematik kann zu einer besseren Vorstellung der Problematik führen, da mit praktischen und anschaulichen Problemen aus der Antike gearbeitet wird. Diese Art der Darstellung von Mathematik wird von den Schülern eher als nicht so „trocken" empfunden, als dies bei reinem theoriebezogenen Mathematikunterricht der Fall sein kann. Darüber hinaus kann diese Unterrichtsmethode als Chance gesehen werden, den Schülern die Mathematik als ein lebendiges Fach darzustellen. Anhand des in der Unterrichtsreihe behandelten Beispiels zur Berechnung einer kurvigen Fläche gibt man den Schülern die Möglichkeit, sich in die antike Zeit hineinzudenken. So können sie sehr gut verstehen lernen, wie die Integralrechnung entstanden ist und sich über die Jahrhunderte erst entwickelt hat. Außerdem können die Schüler eigene Gedanken und Ideen mit in den Unterricht einfließen lassen und sich kreativ beteiligen. So kann diese Methode einen wichtigen Beitrag zum entdeckenden Lernen und zur selbständigen Arbeitsweise der Schüler beitragen.

Diese Arbeit soll einen Anstoß geben, sich auf diese Art des Unterrichts einzulassen. Selbst wenn man Geschichte nicht als zweites Unterrichtsfach neben der Mathematik hat, kann man trotzdem mit dieser Methode sehr gute Arbeitsergebnisse erzielen. Es ist eine sich bietende Möglichkeit, bei den Schülern das Interesse für Mathematik zu wecken und einen tieferen Einblick in die Materie zu geben. Außerdem soll die Hausarbeit die u. U. negative Wirkung, welche die Geschichte der Mathematik möglicherweise auf den einen oder anderen Lehrer hat, abgebaut werden und dazu ermutigen, diese Methode mit in die Unterrichtsgestaltung einfließen zu lassen. Die Geschichte der Mathematik im Mathematikunterricht ist eine Unterrichtsmethode, die einen Einblick in die Hintergründe und Entstehung bieten kann. Mit dem zusätzlichen Wissen kann ein besseres Verständnis vermittelt werden. Die Schüler erkennen über die

Historie den Weg zur heutigen, angewandten Mathematik mit gleichzeitigem Bezug zur Praxis.

Literaturverzeichnis

JAHNKE, H.: Historische Erfahrungen mit Mathematik in: Mathematik lehren / Heft 91 1999.

WINDMANN, B.: Historische Elemente im Mathematikunterricht in: Mathematik lehren / Heft 19 1986.

Lehrplan Mathematik Grund- und Leistungsfach Jahrgangsstufe 11 bis 13 der gymnasialen Oberstufe (Mainzer Studienstufe), Ministerium für Bildung, Wissenschaft und Weiterbildung, Rheinland-Pfalz 1998.

MATTHEIS, M.: Der Satz des Pythagoras in: PZ-Information 29/2000.

POPP, W.: Fachdidaktik Mathematik, Aulis Verlag Deubner & CO KG, Köln 1999.

Internet

http://de.wikipedia.org/wiki/Infinitesimalrechnung (Stand: 26.09.2007).

http://www.herder-oberschule.de/madincea/skripten/historie-2.pdf (Stand: 26.09.2007).

http://www.math.uni-siegen.de/geschmath/Vohns.pdf (Stand: 26.09.2007).

http://www.stauff.de/matgesch/dateien/index.htm (Stand: 26.09.2007).

http://www.whoswho.de/templ/te_bio.php?PID=925&RID=1 (Stand: 26.09.2007).

Anhang

Quelltext des Archimedes[9]

„Es sei ADBEC ein Segment , das begrenzt wird von einer Geraden und dem Schnitt eines rechtwinkligen Kegels (d.h. einer Parabel); das Dreieck ABC aber habe dieselbe Grundlinie wie das Segment und die gleiche Höhe; die Fläche K sei gleich vier Drittel des Dreiecks ABC. Es ist zu zeigen, dass sie gleich dem Segment ADBEC ist.

Wenn sie nämlich nicht gleich ist, so ist sie entweder größer oder kleiner. Es sei zuerst, wenn möglich; das Segment größer als die Fläche K.

Ich schreibe nun die Dreiecke ADB und BEC, wie gesagt wurde, ein und auch in die übrig bleibenden Segmente andere Dreiecke mit der selben Grundlinie und der gleichen Höhe wie die Segmente und immer in der daraufhin entstehenden Segmenten schreibe ich Dreiecke ein mit derselben Basis und der gleichen Höhe wie die Segmente. Es werden dann die restlichen Segmente kleiner sein als der Unterschied, um den das Segment die Fläche K übertrifft. Dann wäre das eingeschriebene Vieleck größer als K."

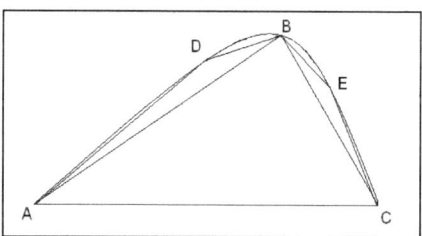

„Das ist aber unmöglich. Da nämlich (...) das Dreieck ABC viermal so groß ist als die Dreiecke ADB und BEC zusammen, dass diese selbst viermal so groß sind als die Summe der den folgenden Segmenten einbeschriebenen Dreiecke und immer so weiter, ist offenbar, dass alle die Flächen zusammen kleiner sind als vier Drittel der größten. Die Fläche K ist aber gleich vier Drittel der größten

---

[9] POPP, W.: Fachdidaktik Mathematik, S. 361-373.

Fläche. Es ist als das Segment nicht größer als die Fläche K. Es sei nun, wenn möglich, kleiner. Wir setzen dann das Dreick ABC gleich der Fläche Z, das Viertel der Fläche Z gleich H und ähnlich das Viertel der H gleich O und fahren so fort, bis die letzte Fläche kleiner wird als der Unterschied, um den die Fläche K das Segment übertrifft, und diese letzte Fläche sei J.

Dann sind als Z, H, O, J zusammengenommen und dazu noch ein Drittel von J um ein Drittel größer als Z."

„Es ist aber auch K um ein Drittel größer als Z. Also ist K gleich Z, H, O, J zusammen und dazu noch der dritte Teil von J. Da nun die Fläche K die Summe der Flächen Z, H, O, J um weniger als J übertrifft, das Segment aber um mehr als J, so ist offenbar, dass die Flächen Z, H, O, J zusammen größer sind als das."

„Das ist aber unmöglich. Es wurde nämlich bewiesen, dass (...) alle die Flächen zusammen kleiner sein werden als das Segment. Folglich ist das Segment nicht kleiner als die Fläche K. Es wurde aber gezeigt, dass es auch nicht größer sein kann, also ist es der Fläche K gleich. Die Fläche K ist aber gleich vier Drittel des Dreiecks ABC."

Beispiel einer Biographie des Archimedes[10]

Biografie Archimedes wurde um 287 vor Christus in Syrakus auf Sizilien geboren. Archimedes verbrachte den größten Teil seines Lebens in seiner Heimat. Über sein Leben ist wenig überliefert.

Er studierte im ägyptischen Alexandria. Seine außerordentlichen Fähigkeiten und Kenntnisse ließen ihn bahnbrechende Erfindungen auf den Gebieten der Mathematik und Physik machen. So entwickelte er beispielsweise in der Mathematik die Integralrechnung oder er bestimmte Kreisumfänge und die

---

[10] http://www.whoswho.de/templ/te_bio.php?PID=925&RID=1.

Inhalte von Flächen und Körpern, die durch Kegelschnitte begrenzt sind. Darüber hinaus lehrte Archimedes die Berechnung von Quadratwurzeln, bestimmte annähernd die Zahl p und entwickelte er Lösungen für kubische Gleichungen mit Hilfe von Kegelschnitten.

Nach ihm sind die archimedischen Körper benannt. Damit sind Körper gemeint, die von regelmäßigen ebenen Vierecken so begrenzt sind, dass in einer Ecke verschiedenförmige Vielecke zusammenstoßen. Auf dem Fachgebiet der Physik bewies er ebenso weitreichende Kenntnisse. Archimedes erfand das Hebelgesetz mit dem nach ihm benannten Archimedischen Punkt. Der Hebel gehört in der Physik zu den einfachen Maschinen, die Erfindung von Archimedes bedeutete ein ungeahnter Fortschritt auf diesem Fachgebiet.

Er soll nicht nur den Brennspiegel entwickelt haben, sondern auch Flaschenzüge. Weiterhin wurde nach ihm das Archimedische Prinzip genannt, mit dem heute noch am meisten seine Person besonders im Physikunterricht von Schulen verbunden ist. Damit ist der Auftrieb eines Körpers im Wasser gemeint: Ein vollständig eingetauchter Körper verliert so viel an Gewicht wie das von ihm verdrängte Wasservolumen. Gleichfalls wird ihm die Erfindung eines Bewässerungssystems zugeschrieben. Das zentrale Merkmal dieser Einrichtung ist eine hydraulische Wasserschraube, die das Wasser in die Höhe transportiert. Auch sie trägt den Namen des Erfinders, nämlich Archimedische Schraube. Die Bewässerungsanlagen wurden für praktische Zwecke genutzt, wie zum Beispiel für die Bewässerung von Feldern in der Landwirtschaft. Noch heute werden nach diesem über 2.000 Jahre alten Prinzip im Nahen Osten oder in Ägypten landwirtschaftliche Flächen bewässert.

Archimedes reiste nach Syrakus. Dort war er als Ingenieur und Mathematiker tätig. Zudem übte er Beraterfunktionen für Herrscher aus. Im Zweiten Punischen Krieg von 218 bis 201 vor Christus erfand Archimedes verschiedene Verteidigungsmaschinen wie Wurfmaschinen oder Hebewerke. Dadurch gelang es den Kriegern von Syrakus, sich zwei Jahre der Belagerung der Römer zu widersetzen.

Doch im Jahr 212 vor Christus drang das römische Heer nach Syrakus ein. Archimedes soll dabei vor seinem Haus gesessen und geometrische Figuren in den Sand gezeichnet haben. Die eindringenden Soldaten empfand er als Störung seiner Arbeit, und so rief er aus: "Störe meine Kreise nicht". Daraufhin soll er von den Feinden erschlagen worden sein – berichtet die Legende.

Archimedes starb im Jahr 212 vor Christus fünfundsiebzigjährig in Syrakus.